Überreicht vom Verfasser

ISSN 0371-327X

SITZUNGSBERICHTE DER SÄCHSISCHEN AKADEMIE
DER WISSENSCHAFTEN ZU LEIPZIG

Mathematisch-naturwissenschaftliche Klasse
Band 115 · Heft 4

WOLFGANG BUCHHEIM

ALBERT EINSTEIN ALS WEGBEREITER NACHKLASSISCHER PHYSIK

AKADEMIE-VERLAG · BERLIN
1981

SITZUNGSBERICHTE DER SÄCHSISCHEN AKADEMIE DER WISSENSCHAFTEN ZU LEIPZIG

MATHEMATISCH-NATURWISSENSCHAFTLICHE KLASSE

Band 109

Heft 1 Prof. Dr. Erich Rammler, Über die Theorien der Braunkohlenbrikettentstehung
1970. 38 Seiten – 13 Abb., davon 2 auf 2 Tafeln – 8° – M 4,–

Heft 2 Prof. Dr. Wolfgang Tutschke, Stammfunktionen komplexwertiger Funktionen
1970. 20 Seiten – 8° – M 3,70

Heft 3 Dr. habil. Günther Eisenreich, Zur Syzygientheorie und Theorie des inversen Systems perfekter Ideale und Vektormodule in Polynomringen und Stellenringen 1970. 88 Seiten – 8° – M 10,80

Heft 4 Prof. Dr. med. Rolf Emmrich, Hochdruck und Hyperlipidämie (Hypercholesterinämie) als Risikofaktoren für die Entstehung der Arteriosklerosen
1971. 23 Seiten – 10 Abbildungen – 4 Tabellen – 8° – M 3,90

Heft 5 Prof. Dr. Hans Drischel, Biologische Rhythmen
1972. 57 Seiten – 31 Abbildungen – 1 Tabelle – 8° – M 6,60

Heft 6 Prof. Dr.-Ing. Dr. h. c. Kurt Schwabe, Konzentrierte Elektrolytlösungen – Thermodynamische und kinetische Eigenschaften 1972. 49 Seiten – 27 Abbildungen – 2 Tabellen – 8° – M 7,50

Heft 7 Prof. Dr. Wolfgang Tutschke, Konstruktion von globalen Lösungen mit vorgeschriebenen Singularitäten bei partiellen komplexen Differentialgleichungen 1972. 24 Seiten – 8° – M 4,50

Band 110

Heft 1 Prof. Dr. h. c. Paul Görlich, Über die Laser und ihre Anwendung
1972. 24 Seiten – 8° – M 2,30

Heft 2 Prof. Dr. Hasso Essbach, Zum Problem der Tumoren im Kindesalter
1972. 24 Seiten – 11 Abbildungen auf 10 Kunstdrucktafeln – 8° – M 6,–

Heft 3 Prof. Dr. med. Walter Brednow, Zur Anthropologie des Schwindels
1973. 17 Seiten – 2 Abbildungen auf 2 Kunstdrucktafeln – 8° – M 2,50

Heft 4 Prof. Dr. h. c. Paul Görlich, Betrachtungen über den Wissenschaftlichen Gerätebau
1972. 39 Seiten – 8° – M 3,–

Heft 5 Prof. Dr. Erich Rammler, Einige Betrachtungen über Erdgas
1974. 43 Seiten – 8 Abbildungen – 3 Tabellen – 8° – M 4,50

Heft 6 Prof. Dr. Gustav E. R. Schulze, Zur Rolle des Einfachheitsprinzips im physikalischen Weltbild
1974. 23 Seiten – 4 Abbildungen – 8° – M 2,50

Heft 7 Prof. Dr. med Rolf Emmrich, Zwischen Leben und Tod. Ärztliche Probleme der Thanatologie
1974. 22 Seiten – 2 Abbildungen – 4 Tabellen – 8° – M 3,50

Band 111

Heft 1 Prof. Dr. Wilhelm Maier, Vom Erbe Bernhard Riemanns 1975. 16 Seiten – 8° – M 2,50

Heft 2 Prof. Dr. med. Hans Drischel, Organismus und geophysikalische Umwelt
1975. 50 Seiten – 25 Abbildungen – 1 Tabelle – 8° – M 7,–

Heft 3 Prof. Dr. Maria Hasse, Zum Begriff des allgemeinen Produkts von Kategorien
1975. 32 Seiten – 8° – M 5,–

ISSN 0371-327X

SITZUNGSBERICHTE DER SÄCHSISCHEN AKADEMIE
DER WISSENSCHAFTEN ZU LEIPZIG

Mathematisch-naturwissenschaftliche Klasse
Band 115 · Heft 4

WOLFGANG BUCHHEIM

ALBERT EINSTEIN ALS WEGBEREITER NACHKLASSISCHER PHYSIK

THEORIA CUM PRAXI

AKADEMIE-VERLAG · BERLIN
1981

Vorgetragen in der Sitzung am 12. Oktober 1979
Manuskript eingereicht am 9. Mai 1980
Druckfertig erklärt am 18. Februar 1981

Erschienen im Akademie-Verlag, DDR-1080 Berlin, Leipziger Straße 3—4

Lizenznummer: 202 · 100/66/81
Gesamtherstellung: VEB Druckhaus „Maxim Gorki", 7400 Altenburg
Bestellnummer: 762 899 7 (2027/115/4) · LSV 1114
ISSN 0371-327X
Printed in GDR
DDR 4,— M

Der 100. Geburtstag Albert Einsteins, der im Jahre 1979 weltweit gefeiert wurde, hat diese gleichsam zentrale Persönlichkeit der Physik in unserem Jahrhundert in vielfältiger Weise erneut in den Blickpunkt des allgemeinen Interesses gerückt. An allen seinen Wirkungsstätten — Bern, Zürich, Prag, Berlin, Princeton — gedachte man seiner. Die Regierung der Deutschen Demokratischen Republik widmete ihm einen Staatsakt und die Akademie der Wissenschaften der DDR eine zweitägige wissenschaftliche Konferenz. Obgleich die Herausgabe des gesamten noch unveröffentlichten Einstein-Nachlasses durch „Albert-Einstein-Estate", das amerikanische Einstein-Archiv, noch immer auf sich warten läßt, ist das Spektrum der teils mehr biographisch, teils mehr naturwissenschaftlich betonten Darstellungen der Gestalt Einsteins in den letzten Jahrzehnten fast in das Immense gewachsen. Aber es scheint, als habe sich mit dieser Vielfalt auch die Rätselhaftigkeit und Widersprüchlichkeit seines Genius nur noch erhöht.

Einstein ist nie Mitglied der Sächsischen Akademie der Wissenschaften zu Leipzig gewesen. Mit dieser Stadt verband ihn — abgesehen von einer erfolglosen Bewerbung bei Wilhelm Ostwald — kaum irgend etwas. Scheint es daher nicht ein wenig überflüssig, auch an dieser Stelle seiner noch zu gedenken, nachdem vielerorts so viel Treffendes, Gültiges — und vielleicht Endgültiges — über ihn gesagt wurde?

Aber Albert Einstein, allein als physikalischer Erkenntniskritiker [1] genommen, kann heute keineswegs als „ausgelotet" gelten, und dieses um so weniger, als ein offenbar beträchtlicher Teil seines wissenschaftlichen Nachlasses noch der Veröffentlichung harrt. Vielmehr scheint es, daß sehr allmählich, wie seinerzeit Einzelheiten seiner Person, nun auch die eigentlich bedeutsamen Züge seiner *wissenschaftlichen* Wirksamkeit im großen Zusammenhang sichtbar und bekannt werden. Merkwürdig auf jeden Fall ist, daß Einschätzung und Gewicht seiner, von der Sache her gesehen weit auseinanderliegenden wissenschaftlichen Arbeiten und Leistungen — sie reichen von der Kosmologie bis zur Physik der Elementarteilchen — im Laufe des letzten halben Jahrhunderts sich nicht unwesentlich verschoben haben. Das, was ihn in den zwanziger Jahren zu einer fast mystischen — und damit auch sehr

umstrittenen — Berühmtheit auf makropyhsikalischer, astronomischer Seite gemacht hatte, nämlich zuerst die spezielle und dann die allgemeine Relativitätstheorie, trat trotz des gewaltigen Ausbaus dieser Konzeptionen zu einem weitläufigen Gedankengebäude im allgemeinen und öffentlichen Bewußtsein mehr und mehr zurück[1]), je weiter sich die Atomphysik entwickelte und je stärker die wegweisende Rolle Einsteins auch für sie sichtbar wurde. Als geradezu paradox ist es aber weithin empfunden worden, daß sich eine gewisse Vollendung der klassischen Physik in Einsteins Kontinuumstheorie von Gravitation und Trägheit — meistens und nicht eben glücklich als „Allgemeine Relativitätstheorie" bezeichnet — und die gleichzeitige Begründung einer unbestritten nachklassisch-nichtklassischen Mikrophysik, einsetzend mit der Erkenntnis der fundamentalen Rolle des diskontinuierlichen Elementarprozesses, in ein und derselben Person vollzog! Solcher „Widersprüche" lassen sich eine ganze Reihe bei Einstein aufzeigen; sie sind keineswegs auf das Gebiet der Physik beschränkt. Sie lösen sich, wie es uns heute — erst nach Jahrzehnten — scheint, damit auf, wenn man Einstein in seiner vielfältigen Verflechtung in die große geistige Umwälzungssituation sieht, die der Übergang vom 19. zum 20. Jahrhundert fast auf allen Gebieten bedeutete, nämlich ein Erfaßtsein von konträren Strömungen und Tendenzen von den Naturwissenschaften bis hin zur großen Politik. Dieses bis in alle Einzelheiten gerade an Einstein darzulegen, ist u. E. eine noch weithin ungelöste, wissenschaftsgeschichtlich-biographische Aufgabe für die Zukunft. Einstein selbst empfand die Unmöglichkeit, den Naturwissenschaftler seiner Zeit philosophisch oder erkenntnistheoretisch irgendwie „einzuordnen", indem er — wohl in erster Linie im Blick aus sich selbst — gegen Ende seines Lebens (1949) sagte [2]:
„Er akzeptiert dankbar die erkenntnistheoretische Begriffsanalyse: aber die äußeren Bedingungen, die ihm durch die Erlebnistatsachen gesetzt sind, erlauben es ihm nicht, sich bei der Konstruktion seiner Begriffswelt allzusehr durch Festhalten an einem erkenntnistheoretischen System beschränken zu lassen. Er muß dann dem systematischen Erkenntnistheoretiker als eine Art skrupelloser Opportunist erscheinen. Er erscheint als Realist insofern, als er eine von den Akten der Wahrnehmung unabhängige Welt darzustellen sucht; als Idealist insofern, als er die Begriffe und Theorien als freie Erfindungen des menschlichen Geistes ansieht (nicht logisch ableitbar aus dem empirisch Gegebenen); als Positivist insofern, als er seine Begriffe und Theorien nur insoweit für begründet ansieht, als sie eine logische Darstellung von Beziehungen zwischen

[1] Dem widerspricht es keineswegs, daß die Zahl der Spezialisten auf dem Gebiete der relativistischen Physik noch immer im Wachsen und die Attraktivität der einschlägigen internationalen Fachkongresse z. B. über „Gravitation und allgemeine Relativität" im Steigen begriffen ist.

sinnlichen Erlebnissen liefern. Er kann sogar als Platoniker oder Pythagoreer erscheinen, insofern er den Gesichtspunkt der logischen Einfachheit als unentbehrliches und wirksames Werkzeug betrachtet.“

Wovon Einstein hier nicht spricht, was ihn aber von der Seite der philosophischen Stimmung her wohl zutiefst antrieb, war der in seiner Zeit wieder akut gewordene Gegensatz von Klassik und Romantik, wie er schon einmal, ein Jahrhundert früher, nicht nur in Kunst und Literatur, sondern auch in der Naturwissenschaft aufgetreten war. Damals nämlich begannen VOLTA, GALVANI, RITTER, OERSTED, AMPÈRE und zuletzt FARADAY das zauberhaft und noch völlig ungewiß erscheinende, der festgefügten klassischen Mechanik gegenüberstehende neue Reich der Elektrizität und des Magnetismus physikalisch zu erschließen. Zu diesem fesselnden, aber schwierigen Thema, das Brükken zwischen Natur- und Geisteswissenschaft schlägt, hatte sich bereits W. OSTWALD geäußert [3]. Einstein mit seiner vielfach tastenden, intuitiven und phantasierenden Arbeitsweise, über die sich manche seiner strengeren Zeitgenossen bisweilen geradezu geärgert fühlten, nicht zuletzt aber mit seiner schöpferischen Verehrung des Geheimnisvollen, die ihn in gewissem Sinne mit GOETHE verbindet, war ausgesprochen Romantiker. Während aber der alte GOETHE in klassischer Abgeschlossenheit das „Unerforschliche verehrte“, äußert sich Einstein in seinem berühmten „Glaubensbekenntnis“ [4] wie folgt: „Das Schönste und Tiefste, was der Mensch erleben kann, ist das Gefühl des Geheimnisvollen ... Zu empfinden, daß hinter dem Erlebbaren ein für unseren Geist Unerreichbares verborgen sei, dessen Schönheit und Erhabenheit uns nur mittelbar und in schwachem Widerschein erreicht, das ist Religiosität. In diesem Sinne bin ich religiös. Es ist mir genug, diese Geheimnisse staunend zu ahnen und zu versuchen, von der erhabenen Struktur des Seienden in Demut ein knappes Abbild geistig zu erfassen.“ Hier spricht zugleich der Platoniker wie der Anhänger SPINOZAS, der auch GOETHE zeitweilig in seinen Bann gezogen hatte. Und gerade die Paradoxien der FARADAYschen Feldphysik, die diese hundert Jahre später im Prokustesbett der klassischen Raum-Zeit-Lehre zeitigte, waren es, die direkt zu den Relativitätstheorien führten, d. h. zu Einsteins bedeutendsten und auch persönlichsten Leistungen. Dazu kam seine geradezu verblüffende Fähigkeit, dieselbe physikalische Sache im klassischen Sinne formal zu vollenden und zugleich über sie in neuen, völlig unklassischen Begriffen denken zu können. Für alles das werden sogleich Beispiele folgen. Einstein war eben nicht nur ein originaler Denker, der den Dingen wieder einmal auf den Grund ging, wie vielleicht noch niemand wieder seit GALILEI oder NEWTON, sondern zugleich eine „seismographische Natur“, eine äußerst labile „Interferenzfigur“ im Wellenschlag seiner komplizierten Epoche.

Auf dem Gebiete der Naturwissenschaften, besonders in der Physik, sprach man in den ersten Jahrzehnten unseres Jahrhunderts viel von „Umbruch“ und „Krise“, aber diese Ausdrücke verschleiern das Wesen dieses Vorgangs mehr als sie es verdeutlichen. Wir wollen hier versuchen, dieses Phänomen mehr von innen her als unausweichlich Notwendiges zu begreifen, nämlich als Ausbruch aus den Grenzen, die im Gebrauch althergebrachter, konventioneller Ausdrucksweisen des Alltagslebens auch in den Naturwissenschaften, besonders aber der Physik gezogen sind. Wenn man Einstein als Wegbereiter einer „nachklassischen“ Physik sieht, die historisch auf die „klassische“ Periode folgte, inhaltlich aber in der Bewältigung von Fakten besteht, die sich mit den konventionellen, allgemeinverständlichen Ausdrucksmitteln der Alltagssprache eben nicht mehr verdeutlichen lassen, entwirrt sich vieles. Einstein erscheint dann gleichsam als Kosmonaut, der ein fremdes Gestirn als erster betritt und zu beschreiben versucht, was er dabei beobachtet und wie er vorgeht.

Um das genau verstehen zu können, ist es zunächst notwendig, den Begriff des „Klassischen“ und damit auch den des „Nachklassischen“ in der Physik zu präzisieren. Danach wollen wir zeigen, an welchen Punkten Einstein mit originellen Gedanken und kühnen, neuen Konzeptionen schöpferisch ordnend in die Entstehung nachklassischer Physik eingegriffen hat. Von dieser nachklassischen Physik kann man kaum in eindeutigen Wendungen reden, ohne zuvor klassische Physik definiert zu haben. Schon dieses Wort hat, soweit wir sehen, einen eigentümlichen Doppelsinn. Es bedeutet nämlich einmal einen physikgeschichtlichen Zeitraum, etwa von GALILEI bis zum Ende des 19. Jahrhunderts, zum anderen aber die Gesamtheit aller physikalischen Methoden und Erkenntnisse, die unter den für diese „Klassik“ eigentümlichen begrifflichen Voraussetzungen in diesem Zeitraum ausgebildet bzw. erarbeitet worden sind und noch erarbeitet werden können. Klassische Physik im historischen Sinne ist also etwas Abgeschlossenes, Vollendetes, im inhaltlichen Sinne aber etwas Weiterlebendes, sich Weiterentwickelndes, dem lediglich ein beschränkter Gültigkeitsbereich innerhalb der Gesamtdisziplin zukommt. Entsprechend verhält es sich mit nichtklassischer und nachklassischer Physik, nur daß hier verschiedene Ausdrücke verfügbar sind. Unter „nachklassisch“ im wissenschaftshistorischen Sinne[2]) wollen wir hier alle Entdeckungen und Weiterbildungen von experimentellen Methoden und von Theorien verstehen, die sich nach etwa 1900 vollzogen, unter „nichtklassisch“ dagegen alles, was, inhaltlich genommen, den Gültigkeitsbereich des Klassischen als einer Nähe-

[2] Im Deutschen wird weitgehend die „nachklassische Physik“ (gemäß unserer Definition) mit „moderner Physik“ umschrieben. Dieses — etwas verschwommene — Wort bringt zwar den Synchronismus ihrer Entstehungsphase mit anderen Erscheinungen des Geisteslebens, die das Prädikat „modern“ tragen, zum Ausdruck, läßt aber keine so genaue Definition wie „nachklassisch“ zu.

rungsphysik überschreitet. Das können z. B. Theorien sein, die schon während der klassischen Periode entstanden sind, aber damals keine Aberkennung bzw. keine experimentelle Prüfung gefunden haben. So wurde z. B. die — fast unbekannt gebliebene — Gravitationstheorie von B. RIEMANN [5, 6] oder vorübergehend sogar die FARADAY-MAXWELLsche Nahewirkungstheorie des elektromagnetischen Feldes [7] bis zu ihren experimentellen Bestätigungen durch H. HERTZ, W. ROENTGEN und A. EICHENWALD als nichtklassisch angesehen. So wurde manches nachträglich noch in die klassische Physik aufgenommen, was ursprünglich nicht zu ihr gezählt wurde. Die letztlich entscheidende Frage ist hier, durch welche Voraussetzungen, welche physikalischen Axiome jene klassische Näherungsphysik auch heute noch gekennzeichnet wird. „Klassisch" und damit auch „nachklassisch" bzw. „nichtklassisch" in der Physik sind somit relative Begriffe, die letztlich erst durch die Wahl jener Axiome einigermaßen klar fixiert werden. Von diesen physikalischen Axiomen, die prinzipiell nur einen empirischen Kenntnisstand bezeichnen und folglich durch neue Empirie aufgehoben werden können, wollen wir im Folgenden hier nur diejenigen aufzählen, die bis jetzt fallen gelassen werden mußten und im nichtklassischen Bereich der Physik nicht mehr gelten. Mit dieser Auswahl fixieren wir also den Begriff der physikalischen Klassik in bestimmter Weise, und auch das „Nichtklassische" wird damit eindeutig in bestimmtem Sinne festgelegt. Diese Axiome sind die folgenden:

(1, 2) Die Axiome der Identität von räumlichen (1) und zeitlichen (2) Abständen bezüglich gegeneinander bewegter Bezugssysteme. Hier wird bekanntlich entsprechend dem Augenschein, also der Erfahrung bei hinreichend langsam translatorisch oder auch rotierend gegeneinander bewegten Bezugssystemen angenommen, daß sowohl Festkörpermaßstäbe als auch Uhren sich völlig unabhängig vom Bewegungszustand verhalten. Praktisch bedeutet das, daß Form und Größe eines Körpers wie auch der zeitliche Abstand von Ereignissen in jedem Moment unabhängig vom Bezugssystem sind. Sie haben „absoluten" oder „invarianten" Charakter. Für die Zeitmessung speziell ergibt sich die Existenz einer universellen physikalischen Zeit theoretisch für das ganze Weltall (NEWTONS „absolute Zeit").

(3) Das Axiom von der Unabhängigkeit der Masse eines Körpers von dessen Bewegungszustand.

(4) Das Axiom von der Erhaltung der Gesamtmasse eines massenmäßig abgeschlossenen Systems (universelles Massenerhaltungsprinzip).

(5) Das Axiom von der Erhaltung der Summe aller Energieformen in einem energetisch abgeschlossenen System (universelle Form des Energieerhaltungsprinzips).

(6) Das Axiom von der Erhaltung der chemischen Elemente eines beliebigen abgeschlossenen Körpers.

(7a, b) Die Axiome von der homothetischen Extrapolierbarkeit aller physikalischen und chemischen Gesetzmäßigkeiten sowohl ins beliebig Große (a) als auch ins beliebig Kleine (b) hinein. Aus diesen wichtigen Axiomen folgt z. B., daß es in der Klassik nur definitorisch festgelegte („konventionelle"), aber nicht naturgegebene („absolute") Maßstäbe geben kann, daß der Naturraum euklidische Maßbestimmung aufweist und daß beliebig kleine Massenteilchen möglich sind und als solche unbegrenzt individuellen Charakter nach Art der Makrokörper haben.

Die „Krise" der Naturwissenschaften war nun nicht eigentlich eine der physikalischen Methodik oder der experimentellen Analyse. Beide sahen am Ende des vorigen Jahrhunderts ein schier unbegrenztes Arbeitsfeld vor sich, und auch der physikalischen und chemischen Präzision schienen keine Grenzen gesetzt. Ein Wissenschaftsoptimismus positivistischer Art schien durchaus berechtigt. Die Krise zeigte sich vielmehr auf der Seite der Synthese, der widerspruchsfreien Beschreibung und Ordenbarkeit, also auf der Ebene dessen, was der Physiker das „Verständnis" seiner Bemühungen nennt. Diese Krise war in Wahrheit also eine des Denkens, der Deutung, der Begriffe und damit der Vorurteile, auf die man auch in den Naturwissenschaften nicht völlig verzichten kann [2]. In concreto äußerte sie sich darin, daß von o. g. acht Axiomen eines nach dem anderen aufgegeben werden mußte, wenn die gesamte physikalische Erfahrung auch weiterhin einheitlich und widerspruchsfrei ordenbar bleiben sollte. Eine Revision der Rolle der Anschauung im ganz elementaren Sinne, ihrer Kategorien a priori nach KANT und damit gewisser Teile der KANTschen Erkenntnistheorie war es, die sich jetzt notwendig machte. In der klassischen Periode war schließlich in Vergessenheit geraten, daß die menschlichen Begriffe und Ausdrucksmittel großenteils letztlich doch im Umgang mit den Objekten der menschlichen Umwelt entstanden sind, und eben die Umwelt war nun durch physikalisch inspirierte Technik erweitert, bereichert worden. Man denke nur z. B. an die Röntgendiagnose bzw. die Röntgengenographie der Kristalle oder an die großen Spiegelteleskope der Astronomie. Diese „Schritte über Grenzen", um eine Ausdrucksweise W. HEISENBERGS [8] zu gebrauchen, waren es, die eine neue Topographie im Begrifflichen verlangten, wie man sie bisher nicht gebraucht hatte.

Sowohl der Makrokosmos, den schon die Astronomen des 18. Jahrhunderts begonnen hatten in immer weiteren Sphären dem menschlichen Bewußtsein zu erschließen, als auch die physikalische Mikrowelt, die mit dem Ende des 19. Jahrhunderts zunehmend Gegenstand empirischer Erforschung geworden waren, liegen größtenteils jenseits des alltäglich Erlebbaren und damit auch außerhalb dessen, wovon die klassische Physik über passende, adäquate Worte und Begriffe verfügt. Der Makrokosmos erscheint demgegenüber durch seine riesigen Dimensionen in räumlicher wie auch in zeitlicher Hinsicht, wie auch durch sehr hohe Ausbreitungsgeschwindigkeiten von Strahlung und Materie gekennzeichnet. Der physikalische Mikrokosmos hat es umgekehrt mit den sehr kleinen „letzten Bausteinen der Materie", den Molekülen, Atomen und Elementarteilchen, zu tun, für die das Wort „Teilchen" in verschiedener Hinsicht zur bloßen Metapher wird. Die Grenze des in Physik und Chemie noch klassisch Beschreibbaren erweist sich mithin als eine doppelte, nämlich einmal als Grenze gegen das Makrophysikalische, zum anderen aber gegen das Mikrophysikalische hin. Beide Bereiche liegen genau genommen außerhalb natürlicher Anschaubarkeit, z. B. durch das sog. „unbewaffnete Auge", und außerhalb der Begreifbarkeit durch die menschliche Hand. Beides ist im wahrsten Sinne des Wortes „unanschaulich" bzw. „unbegreiflich". Kein Wunder also, daß Versuche, beides in strenger Analogie zu den Gegenständen und Vorgängen in der Alltagswelt anschaulich und begreiflich zu machen, zunächst bei seltsamen, die Physiker sehr erregenden Paradoxien endeten! Die Auflösung dieser Paradoxien wurde möglich aufgrund der Aufhebung einiger „Vorurteile", und das war, zumindest auf der Seite des theoretischen Verständnisses, gleichbedeutend mit der Geburt einer „nachklassischen Physik" (etwa seit der Jahrhundertwende).

Die ersten Paradoxien dieser Art, die sich schon am Ende des vorigen Jahrhunderts herausstellten, waren solche, die sich an der Grenze zu hohen Geschwindigkeiten hin, z. B. bei Licht oder bei Elektronen, zeigten. Die Paradoxien der Vakuumelektrodynamik, theoretisch aufgeworfen durch die MAXWELLsche elektromagnetische Lichttheorie, dokumentierten sich empirisch durch eine Gruppe von optischen Erscheinungen, die bei der sog. Aberration des Lichtes, beim MICHELSON-Versuch, beim FRESNELschen Mitführungseffekt und beim SAGNAC-Versuch auftreten [13][3]). Sie zeigten, daß das Relativitätsprinzip der klassischen Mechanik, etwa in Form der vektoriellen Addition der Geschwindigkeit bei der elektromagnetischen Weltenausbreitung im Vakuum, nicht gültig sein kann. Dabei erwies sich die schon seit dem 17. Jahrhundert bekannte astronomisch bestimmte Geschwindigkeit c_0 des Lichtes im materieleeren Raum von 300000 km/s als vom Bezugssystem völlig unabhängig und zugleich als eine jeglichen Materie- und Energietransport offenbar begrenzende universelle Schranke. Dieses widerspricht in eklatanter Weise dem Axiom (1) der Übertragung von Längen und Zeiten in der Kinematik, der reinen Bewegungslehre der Klassik. Ihre Axiome mußten also entsprechend

[3] Siehe insbesondere Kap. VII, Speziell-relativistische Physik, S. 580f.

abgeändert werden, und zwar so, daß für Relativgeschwindigkeiten $v_0 \ll c_0$ der Bezugssysteme gegeneinander die klassische Kinematik resultiert. Denn es kann kein Zweifel daran bestehen, daß diese für hinlänglich langsame Relativbewegungen asymptotisch richtig ist.

Dieses Problem ist vom formalmathematischen Standpunkt aus eindeutig lösbar, wenn man an der Homogenität und Isotropie des Raumes und an seiner euklidischen Maßbestimmung noch festhält und führt dann direkt auf Einsteins „Spezielle Relativitätstheorie" (SRT) von 1905 in der MINKOWSKIschen Fassung. Die dabei zu gebrauchenden neuen Formeln für die Übertragung von Längen und Zeiten auf ein bewegtes Bezugssystem waren allerdings als sog. „LORENTZ-Transformation" schon vorher bekannt. Diese lautet, in den Abstandsdifferentialen dx, dy, dz, dt für zwei Ereignisse bei Achsenparallelität der räumlichen Koordinatensysteme in zwei verschiedenen, mit v_0 translatorisch in x-Richtung gegeneinander bewegten Bezugssystemen geschrieben:

$$\mathrm{d}y' = \mathrm{d}y,\ \mathrm{d}z' = \mathrm{d}z,\ \mathrm{d}x' = \frac{\mathrm{d}x - v_0\mathrm{d}t}{\sqrt{1-\left(\frac{v_0}{c_0}\right)^2}},\quad \mathrm{d}t' = \frac{-\frac{v_0}{c_0^2}\,\mathrm{d}x + \mathrm{d}t}{\sqrt{1-\left(\frac{v_0}{c_0}\right)^2}}.$$

Nach dieser Übertragung zeigen z. B. bewegte Maßstäbe eine charakteristische, von $\beta = v_0/c_0$ abhängige Verkürzung in Bewegungsrichtung, bewegte Uhren eine ebensolche Verlangsamung ihres Ganges. Beide Effekte wurden von H. A. LORENTZ, dem Entdecker dieser Gleichungen, aber nur ad hoc eingeführt, um den negativen Ausfall des MICHELSON-Versuchs zu verstehen, aber die klassische Raum-Zeit-Lehre „in Wahrheit" zu erhalten. Worauf Einstein in seinen beiden epochemachenden Abhandlungen von 1905 „Zur Elektrodynamik bewegter Körper" und „Ist die Trägheit eines Körpers von seinem Energieinhalt abhängig?" [9, 10] hinwies, war, daß die Umkehrung der LORENTZ-Transformationsgleichungen einfach auf die Umkehrung der Relativbewegung der Systeme hinausläuft, womit alle gegeneinander (geradlinig-gleichförmig) bewegten Bezugssysteme völlig gleichrangig werden. Damit wurde die Vorstellung eines Lichtäthers als Bezugssystem überflüssig. Das Relativitätsprinzip gilt also damit nun auch, was beobachtbare Größen anlangt, für die Elektrodynamik im Vakuum, sofern man entsprechende neue Formeln auch für die Übertragung der elektrischen und magnetischen Feldkomponenten gebraucht. Sie beinhalten die Lösung eines Problems, mit dem z. B. HEINRICH HERTZ vergeblich gerungen hatte, nämlich das Verständnis der elektromagnetischen Phänomene im bewegten Festkörper. Was die Bezeichnung „Relativitätstheorie" rechtfertigt, ist, daß es die Postulierung des Relativitätsprinzips im o. g.

Sinne war, die zunächst zu einer neuen Übertragungstheorie, speziell zu einer neuen Kinematik führte. In dieser erscheinen räumliche und zeitliche Distanzen von Ereignissen bezugssystemabhängig, also „relativiert". Die größte Schwierigkeit für das klassisch orientierte gewohnte Denken besteht zunächst darin, daß es nun nur noch durch Strahlungssignale eingeregelte und kontrollierte spezielle „Systemzeiten" gibt, aber die eine universelle Weltall-Zeit nach NEWTON einen konkreten physikalischen Sinn jedenfalls nicht mehr hat! Auch kann u. U. die relative zeitliche Lage von Ereignissen zueinander an verschiedenen Orten in verschiedenen Bezugssystemen umgekehrt sein. Auch Gleichzeitigkeit wird also damit relativiert. Da wir aber eine direkte Anschauung für Gleichzeitigkeit nur für Ereignisse am gleichen Ort haben, fällt dieses wichtige Ergebnis der SRT in den Bereich des a-priori Unanschaulichen. Man kann die mit ihr entstandene neue Situation dahin charakterisieren, daß die Beseitigung der Paradoxien der Vakuumelektrodynamik und die universelle Gültigkeit des speziellen Relativitätsprinzips nun — überraschenderweise — die Relativierung der Gestalt starrer Körper und der Gleichzeitigkeit von Ereignissen erfordert. Aber alle anderen verwendeten Begriffe behalten noch den Sinn, den sie in der klassischen Physik haben.

Es liegt in der eigentümlichen mathematischen Formulierung der gesamten klassischen Physik zutiefst begründet, daß die geschilderte Abänderung der Übertragung von Längen und Zeiten von einem Bezugssystem auf ein anderes den Charakter eines „Lauffeuers" für die gesamte Physik annehmen mußte. In der klassischen Physik sind nämlich Gleichungen, sofern sie nicht bloße Zahlenidentitäten besagen, stets solche zwischen Größen, die auf dem Vektorbegriff beruhen, also zwischen sog. Tensoren verschiedener Stufe, zu denen die Vektoren als einfachste Elemente gehören. Die Übertragung von Vektoren bei Wechsel des Bezugssystems ist aber genau die von Längen, weil der Prototyp des Vektors die gerichtete Strecke ist. Hieraus folgt zwingend, daß die räumlichen echten (polaren) Vektoren der klassischen Physik durch eine weitere, eine sog. „zeithafte" Komponente ergänzt werden müssen, weil die o. a. LORENTZ-Transformation drei räumliche Abschnitte und die Zeitdistanz zusammenfaßt. Diese Zeitkomponente ist in klassischer Näherung stets ein invarianter Skalar (eine benannte Zahl, ein Tensor nullter Stufe), verliert aber in der SRT diesen gleichsam selbständigen Charakter. Hier muß die „Dreier-Geometrie" des euklidischen Naturraumes zu einer „Vierer-Geometrie" des „Raum-Zeit-Kontinuums", das H. POINCARÉ 1906 als Inbegriff der physikalischen Ereigniswelt eingeführt hatte, erweitert werden. Das geschah durch H. MINKOWSKI 1908 [11]. Damit würde ein großes, von Einstein aufgestelltes Programm für die gesamte Physik auf übersichtliche, gewissermaßen geometrische Weise durchführbar [12, 13]. Es bestand im wesentlichen darin, z. B. zu allen polaren Raumvektoren einer klassisch formulierten Theorie die jeweils vierte zeitliche Komponente aufzufinden und die „axialen" Vektoren der klassischen Physik zu antisymmetrischen Vierertensoren zu ergänzen. Den drei räumlichen Maßzahlen des Impulses irgendeiner Masse, p_x, p_y, p_z z. B. ist als Zeitkomponente ihr totaler Energieinhalt E, dividiert mit c_0, zuzuordnen. Alle vier Maßzahlen kennzeichnen dann den „Impuls-Energie-(Vierer)-Vektor" dieser Masse. Auf diese Weise erhalten alle klassischen Theorien eine neue, stetig anschließende „relativistische" Erweiterung. In ihr tritt jetzt eine große Zahl neuer — nichtklassischer — Beziehungen auf, ein Schritt also von größter heuristischer Tragweite! Der globale, d. h. nichtlokale Charakter aller inertialen Bezugssysteme, die in der SRT durch die Gruppe der LORENTZ-Transformationen miteinander verbunden sind, bleibt jedoch wie in der klassischen Kinematik gewahrt. Damit wird der Homogenität und Isotropie des gravitationsfreien Raumes in Bezugssystemen ohne Trägheitswirkungen Rechnung getragen. Die Raum-Zeit ist also in speziell-relativistischer Sicht stets euklidisch, und das Axiom (7a) bleibt noch unberührt.

Alle Vektor- und Tensorgleichungen der klassischen Theorien (Mechanik, Elektrodynamik, Thermodynamik) erfordern jetzt eine — zumeist eindeutige — relativistische Umformung, in der sie der Forderung nach „LORENTZ-Kovarianz" genügen, d. h. der Forminvarianz gegenüber der LORENTZ-Gruppe. Das heißt aber, daß die SRT in der Lage ist, noch unbekannte, prinzipiell prüfbare, sog. „relativistische" Effekte in allen makrophysikalischen Theorien vorauszusagen. Dieses machte sie natürlich sofort im ganzen physikalischen Bereich außerordentlich aktuell. Aus den vier Grundgleichungen der Fluidkörpermechanik z. B. läßt sich mittels dieser Kovarianzforderung eindeutig die bekannte relativistische Abhängigkeit der Masse m von ihrer Geschwindigkeit folgern:

$$m(v) = \frac{m(0)}{\sqrt{1 - \left(\frac{v}{c_0}\right)^2}}.$$

Sie präzisiert das, was aus der Aufgabe des Axioms (3) folgt. Sie wird experimentell schon seit Beginn unseres Jahrhunderts bestätigt und bildet die Grundlage der großen heutigen Teilchenbeschleuniger. Zugleich ergibt sich die bekannte Einsteinsche Äquivalenzbeziehung von Energie E und Masse m schlechthin:

$$\boxed{E = mc_0^2.}$$

Damit wird auch das Axiom (5) in der üblichen Formulierung hinfällig. Nach der SRT kann sich also irgendeine Energie zu ponderabler Masse kondensieren und umgekehrt Materie „zerstrahlen", und es hat genau genommen keinen Sinn mehr, zwischen Energie und träger Masse zu unterscheiden. Axiom (5) bleibt nur dann gültig, wenn alle Energieformen nach ☐ im Masse-Maß gemessen werden. Diese Folgerung ist die bis heute praktisch vielleicht weitesttragende der SRT.

Einstein hatte sich mit der SRT noch engstens an die klassische Physik anlehnen können. Dieser Umstand verleiht ihr ein außerordentlich hohes Maß von Eindeutigkeit und physikalischer Wohlbegründetheit. Mit dem nächsten Schritt nun, zu dem die SRT geradezu herausfordert und den Einstein 1913 zusammen mit M. Grossmann konzipierte [14] und 1915 mit der Aufstellung seiner „allgemeinen Relativitätstheorie" (ART) in extenso vollzog [15, 16, 17, 18], begab er sich auf ein weit spekulativeres Gebiet. Er konzipierte nämlich mit ihr nichts weniger als eine völlig neue, einheitliche Theorie von Gravitation und Trägheit. Sie war inspiriert durch E. Machs Kritik [19] an den Fundamenten der Newtonschen Mechanik und fußte wesentlich auf der lange bekannten und mit wachsender Präzision immer wieder nachgeprüften Tatsache, daß träge und schwere Masse eines jeden Körpers identisch sind. Somit ist eine Unterscheidung zwischen Trägheits- und Gravitationskräften im lokalen Rahmen praktisch nicht möglich. Im Grunde sind nämlich immer nur Trägheits- bzw. Gravitationsbeschleunigungen feststellbar. Es liegt daher sehr nahe, die physikalische Inhomogenität des Raumes aufgrund von Gravitation mit seiner Metrik in Verbindung zu bringen. Für die Durchführung dieses Gedankens hatte B. Riemann ein reichliches halbes Jahrhundert zuvor bereits die mathematischen Grundlagen geschaffen, indem er in Übereinstimmung mit C. F. Gauss der Raummetrik physikalisch-empirischen Charakter zuwies. Dieser einerseits auf der Äquivalenz von träger und schwerer Masse fußende, andererseits aber die Geometrisierung der Kinematik nach Minkowski konsequent weiterführende Gedanke war wahrhaft originell und führte zu dem, was ursprünglich ART, heute — besser — „Einsteinsche Gravitationstheorie" genannt wird. Der stetige Anschluß an die SRT fordert aber jetzt, daß nicht allein der Raum, sondern die Raum-Zeit als vierdimensionales Kontinuum mit indefiniter Metrik zugrunde gelegt wird, und die Gravitations- und Trägheitsphänomene verlangen dann, daß die Raum-Zeit notwendig nichteuklidisch sei. Der symmetrische Maßtensor des Raum-Zeit-Kontinuums, als vierdimensionaler Riemannscher Raum aufgefaßt, läßt, wenn man die geodätische Linie als Bahn eines kleinen Masseteilchens auffaßt, mit seinen 10 Komponenten in 1. Näherung gerade diejenigen Beschleunigungskomponenten zu, die sich aus Massenanziehung und Trägheitseffekten auch nach klassischer Dynamik ergeben. Einige Schwierigkeiten bereitet in dieser geometrischen Konzeption einer allgemeinen Kinematik zunächst die Masse bzw. die Energie als generelle Quelle (Ursache) von Gravitation. Hier befand sich Einstein zunächst völlig im Banne Machs. Das sog. „Machsche Prinzip" [20, 21], das ihn anfangs leitete, fordert die Eliminierung des absoluten Raumes, den New-

TON eingeführt hatte, aus der Physik. MACH begründet das in positivistischer Weise damit, daß offenbar nur Relativbewegungen von Massen eine physikalische Bedeutung haben. Die allgemeine Trägheit der Körper sei entsprechend dem astronomisch-praktischen Befund durch die Bewegung relativ zu den fernen Massen im Kosmos lediglich „induziert" [22]. Nicht nur Geschwindigkeiten, auch Beschleunigungen relativ zu diesen Massen allein sollen nach MACH, im Gegensatz zu NEWTONS Konzept, physikalisch nachweisbar sein. Es zeigte sich hierbei aber, daß diesem MACHschen Prinzip keine konkret-heuristische Bedeutung für die Auffindung der neuen Feldgleichungen innewohnt, wie sie Einstein vorschwebten. Diese müssen stetig an die NEWTON-LAPLACE-POISSONsche klassische Gravitationstheorie anschließen und dürfen an kein spezielles Koordinaten- bzw. Bezugssystem gebunden sein, was aber zu ihrer Bestimmung keineswegs ausreicht. Es blieb Einstein daher nichts anderes übrig, als, darin besonders von D. HILBERT unterstützt, wiederum das bewährte HAMILTONsche Prinzip aus der Klassik zu entlehnen, das die „allgemeine Kovarianz" der Gleichungen sichert [23]. Diese wurde von Einstein zunächst mit dem „allgemeinen Relativitätsprinzip" identifiziert, was schon von Anbeginn z. B. von E. KRETZSCHMANN u. a. bezweifelt wurde und sich später als unhaltbar erwies (W. FOCK [24]). Im RIEMANNschen Krümmungsskalar R fand sich eine für das Problem geeignete LAGRANGE-Dichte, und Einstein konnte mittels des HAMILTON-Prinzips seine berühmten „Feldgleichungen" [17]:

$$-K_0 T_{\mu\nu} + \frac{g_{\mu\nu}}{2} R = \frac{\delta R}{\delta g^{\mu\nu}} = R_{\mu\nu} \qquad \text{(Einstein-Tensor)}$$

d. h. zehn nichtlineare partielle Differentialgleichungen 2. Ordnung für zehn Komponenten $g_{\mu\nu}$ des Maßtensors, auf das universelle Wirkungsprinzip der Physik zurückführen. Diese Feldgleichungen, die die $g_{\mu\nu}$ mit dem Energie-Impuls-Tensor $T_{\mu\nu}$ der Materie verknüpfen, schließen stetig an die klassische Potentialtheorie der Gravitation nach POISSON an. Sie bilden seitdem das Fundament einer weit in das Kosmologische ausgreifenden, völlig neuen Behandlung der Gravitation [25, 26]. Natürlich wird mit Einführung nichteuklidischer Metrik Axiom (7a) hinfällig: In einem nichteuklidischen Raum sind die Punkte nicht mehr äquivalent, im allgemeinen ist er inhomogen. Die große Zahl von Symmetrien, die die euklidische Raum-Zeit der Klassik und der SRT aufweist, wird durch Gravitation notwendig aufgehoben. Mit Einsteins Gravitationstheorie werden zwei wichtige Teilgebiete der Mechanik, nämlich die Gravitations- und Trägheitsdynamik, miteinander verschmolzen, indem beide völlig „geometrisiert" werden. Das heißt, alle physikalischen Phänomene auf diesem Gebiete sind als Auswirkungen der Metrik des Raum-Zeit-Kontinuums zu verstehen. Einige kosmologische Konsequenzen wurden hieraus von Einstein selbst bereits 1917 gesehen, als wichtigste die Möglichkeit eines in sich geschlossenen endlichen Kosmos [27] und die von Gravitationswellen [28]. Für das Planetensystem ergeben sich zunächst nur zwei sehr kleine, aber prüfbare und mit der Erfahrung übereinstimmende Effekte: Lichtablenkung durch die Sonne, Periheldrehung der Merkurbahn. Die Rotverschiebung der Spektrallinien dagegen ist nur an außerhalb liegenden Objekten beobachtbar. Als enttäuschend empfand Einstein, daß eine Vielzahl von „kosmologischen" Lösungen der Feldgleichungen existiert anstatt der einen, mit dem wirklichen Kosmos realisierten, und daß „nur" eine neue Theorie der Gravitation zustande gekommen war. Das MACHsche Prinzip ließ sich erst viel später und nur mit Mühe aus den Feldgleichungen unter besonderen Bedingungen ableiten (DEHNEN u. HÖNL 1966 [21]).

Aufgrund dieser theoretischen Leistungen ist Einstein oft als Vollender der klassischen Physik gerühmt worden. Eine solche Einschätzung läuft natürlich auf Definitionsfragen hinaus. Im Sinne der o. g. Definition (Axiome (1) bis (8)) sind die beiden Relativitätstheorien [29] aber eindeutig bereits nachklassische bzw. nichtklassische Physik. Mit der klassischen Physik gemeinsam haben sie lediglich den mathematischen Determinismus, wie auch seine Identifizierung mit physikalischer Kausalität, die in allen Bewegungsgleichungen von SRT und ART zum Ausdruck kommt. Dieser ist aber kein Kennzeichen der Klassik. Von ihr trennt die Relativitätstheorien vor allem der Verzicht auf die physikalische Realisierbarkeit einer universellen Zeit und die Unanschaulichkeit nichteuklidischer Räume, was offenkundig durch den menschlichen Wahrnehmungsapparat in Verbindung mit der menschlichen Körpergröße bedingt ist.

Einstein hat den im Bereich der Gravitation und Trägheit so überaus fruchtbaren Gedanken, darüber hinaus makroskopische Feldphysik überhaupt zu geometrisieren, bekanntlich sein ganzes Leben lang verfolgt. Er huldigte damit einer Art von „physikalischen Spinozismus", nach dem die gesamte physikalische Makrowelt „more geometrico" geordnet und einheitlich durchschaubar gemacht werden sollte. Da das elektromagnetische Feld — im Gegensatz zum metrischen Feld von Gravitation und Trägheit — in der SRT durch antisymmetrische Vierertensoren beschreibbar ist, verfolgte Einstein bis etwa 1950 die faszinierende Idee einer „einheitlichen Feldtheorie" von Gravitation und Elektromagnetismus [32, 33, 34]. In dieser sollten die zehn Komponenten des symmetrischen Maßtensors des reinen Gravitations-Trägheits-Feldes mit den sechs Komponenten des antisymmetrischen elektromagnetischen Feldtensors kombiniert als die sechzehn Kennzahlen der unsymmetrischen Maßbestimmung in einer nicht-riemannschen Raum-Zeit auftreten. Eine solche Konzeption führt aber zu Konsequenzen, die von der astrophysikalischen Erfahrung anscheinend nicht bestätigt werden können. Ein physikalischer Spinozismus dieser Art erweist sich offenbar als zu eng, um über die Gravitation hinaus noch weitere makroskopische Felder mit umfassen zu können. Im Gegensatz zum elektromagnetischen Vakuumfeld, bei dem das Relativitätsprinzip als fruchtbares

Stimulans für eine nachklassische Theorienbildung aufgetreten war, fehlten der ART offenbar vergleichbare stimulierende Impulse dieser Art, abgesehen von der schon lange bekannten Äquivalenz von träger und schwerer Masse. Dieser Umstand hatte für die ART von vornherein einen weit hypothetischeren Charakter als für die SRT zur Folge. Die Zahl der bis heute nachprüfbaren z. T. bereits genannten Effekte, zu denen sich um 1958 in gewissem Maße der MÖSSBAUER-Effekt und 1978 noch die — von Einstein schon 1916 vorausgesagten — Gravitationswellen [28] gesellt haben, ist, möglicherweise aus diesem Grunde, vergleichsweise nur recht klein geblieben. Dennoch dürfte O. HECKMANN anläßlich Einsteins 100. Geburtstag die Bedeutung der ART für die Kosmologie zutreffend gekennzeichnet haben, wenn er sagte, diese sei angesichts einer ungeheuren Fülle neuer astrophysikalischer Fakten und Probleme ohne Einstein „hilflos" geblieben, dessen vierdimensional-geometrisierende Konzeption trotz ihrer bisher nur sehr eingeschränkten Prüfbarkeit sich in der theoretischen Diskussion immer wieder als fruchtbarer Leitgedanke erweise. War Einsteins ART doch die erste geschlossene theoretische Konzeption, die über NEWTON, KANT und LAPLACE im astronomisch-kosmologischen Bereiche wesentlich hinausführte und die theoretische Möglichkeit eines räumlich wie auch zeitlich (nach der Vergangenheit hin) begrenzten Kosmos ernstlich diskutabel machte!

Völlig andere Paradoxien, die sich an der Grenze zur Mikrophysik hin zeigten, wurden durch die Entdeckung des Wirkungsquantums durch M. PLANCK 1900 heraufbeschworen. Alle thermodynamischen Eigenschaften der sog. „schwarzen" Strahlung lassen sich vom Standpunkt der statistischen Physik aus bekanntlich nur verstehen, wenn man sich die Strahlungsenergie in diskrete, endliche Beträge, die PLANCKschen Energiequanten, aufgeteilt denkt, worauf sich aus der klassischen „elektromagnetischen Lichttheorie" nach MAXWELL aber keinerlei Hinweis entnehmen läßt. Diese Strahlungsquanten zeigen sich paradoxerweise als wohlbestimmt durch die Strahlungsfrequenz, also durch einen nur für einen zeitlich wie räumlich ausgedehnten Wellenzug definierbaren Parameter. Während die schon im vorigen Jahrhundert größtenteils aufgeklärten Interferenzerscheinungen beim Licht keinen Zweifel mehr an dessen „Wellennatur" gelassen hatten, zeigt der 1887 entdeckte Fotoeffekt in drastischer Weise, daß die Verwandlung von elektromagnetischer Strahlungsenergie in kinetische Teilchenenergie über diskrete Elementarprozesse erfolgt, bei denen Energieerhaltung nachweisbar ist. NEWTONS alte Korpuskulartheorie des Lichtes erschien plötzlich postum experimentell belegt. Die fundamentalen Streuversuche von P. LENARD und E. RUTHERFORD mit Korpuskularstrahlung an kompakter Materie bewiesen, daß diese aus diskreten, elektrisch geladenen Punktzentren bestehen müßte. Andererseits war aber das bekannte, hierauf fußende „Planetenmodell" des Atoms nach N. BOHR nur diskutabel, sofern man ihm Eigenschaften beilegte, die in eklatantem Widerspruch sowohl zur klassischen Punktmechanik als auch zur MAXWELLschen Strahlungstheorie standen. Für diese Paradoxien des physikalischen Atomverständnisses spielte nun gerade das PLANCKsche Wirkungsquantum eine entscheidende Rolle, indem es sich — nach BOHR und SOMMERFELD — als Schlüssel zum quantitativen Verständnis der diskreten und stationären Energieniveaus der Atome erwies. Deren Existenz hatten J. FRANCK und G. HERTZ 1913 durch ihre Elektronenstoßversuche überzeugend nachweisen können. Dabei wurde schließlich offenbar, daß z. B. Elektronen keine „Teilchen" im exakten und anschaulichen (klassischen) Sinne des Wortes sein können, obgleich sie mit wohldefinierter Masse und Ladung ausgestattet erscheinen!

Die Entdeckung der natürlichen Radioaktivität durch BECQUEREL 1896 hob das Axiom (6) auf. Der radioaktive Zerfall mit nur statistischer Gesetzmäßigkeit zwang in bezeichnender Weise dazu, jetzt einen völlig physikfremden neuen Begriff einzuführen, nämlich den der „mittleren Lebensdauer" eines radioaktiven Kernes oder Isotops. Hiermit wurde die klassische Physik erstmalig, wie es scheint, auf der Ebene des Determinismus erschüttert, der bisher allen ihren Theorien wesentlich innewohnte.

Schließlich bedeutete die Entdeckung eines dritten Hauptsatzes der Thermodynamik 1905/06 durch W. NERNST eine Paradoxie auch auf dem Gebiete der Thermodynamik. Nach klassischem Verständnis ist nämlich die Entropie im phänomenologischen Sinne keine eindeutig festlegbare Observable, im statistischen Sinne aber — nach L. BOLTZMANNS Definition als Logarithmus einer Anzahl von Realisierungsmöglichkeiten — nie unter einen endlichen Grenzwert hinabzudrücken. Nach dem dritten Hauptsatz (in der PLANCKschen Fassung) nähert sie sich empirisch aber für homogene Festkörper am absoluten Nullpunkt der Temperatur dem Werte Null. Die zu Beginn des Jahrhunderts einsetzende Tieftemperaturphysik bestätigte auch bald eine wichtige Konsequenz dieses Theorems, nämlich die Abnahme der spezifischen Wärme aller Festkörper mit $T \to 0$ und damit die praktische Unerreichbarkeit des absoluten Nullpunktes der Temperatur.

Eine letzte, höchst seltsam erscheinende Paradoxie auf thermodynamischem Gebiete war die 1911 von KAMERLINGH ONNES entdeckte „Supraleitfähigkeit" mancher Metalle, die allem widerspricht, was man sich nach klassischen Modellen der elektronischen Leitung in Festkörpern vorstellen kann.

Es wurde bald offenkundig, daß alle Paradoxien an der Grenze zur Mikrophysik mit der endlichen Größe des Wirkungsquantums h zu tun hatten, dessen Betrag zwar von M. PLANCK erstaunlich genau ermittelt worden war, dessen tiefere physikalische Bedeutung aber noch bis in die zwanziger Jahre hinein ziemlich unverstanden blieb. Heute ist klar zu erkennen, daß Einstein für dieses Verständnis und damit zur Auflösung aller genannten Paradoxien entscheidende Beiträge geleistet hat. Sie wurden freilich durch seine eigenen Popularisierungstendenzen für die Relativitätstheorie, deren Aussagen ursprünglich mehr auf makroskopischem Gebiet prüfbar erschienen, ziemlich beschattet. Einstein hatte sich gleichzeitig mit der Aufstellung der SRT der Mikrophysik genähert, indem er sich im Anschluß an L. Boltzmann und M. v. Smoluchowski zunächst mit der Diffusion und der Brownschen Molekularbewegung beschäftigte [35]. Entscheidend, aber zunächst unbemerkt, griff er 1905 in seinem „annus mirabilis" mit seiner fast zehn Jahre verkannten Abhandlung „Über einen die Verwandlung des Lichtes betreffenden heuristischen Gesichtspunkt" [36] zum ersten Mal zentral in die Entstehung der Quantentheorie ein. Diese Arbeit enthielt in Wahrheit nichts weniger als die Konzipierung des Begriffs „Strahlungsquant" aufgrund der allgemeinen Energie-Impuls-Verknüpfung nach der SRT. Damit wurde, wenn auch in sehr vorsichtiger Weise, der Gedanke ins Spiel gebracht, daß die Planckschen Energiequanten $h\nu$ zugleich gerichtete Impulsquanten vom Betrage $h\nu/c_0$ darstellen und eine von der emittierenden bzw. absorbierenden Materie unabhängige Existenz haben. Diese radikale, aber äußerst fruchtbare Vorstellung ein „Photons" (Lichtquants) wurde in ihrer Tragweite von den zeitgenössischen führenden Physikern kaum, zumindest weit weniger als die SRT beachtet, mit der sie in engstem innerem Zusammenhang steht. M. Planck glaubte Einstein bei dessen Aufnahme in die Preußische Akademie der Wissenschaften 1914 wegen dieses „Mißgriffs" ausdrücklich in Schutz nehmen zu müssen!

Ein nächster Vorstoß, bei dem sich Einstein erneut gleichsam als Weichensteller bei der Entwicklung der Quantentheorie betätigte, war seine Abhandlung „Die Plancksche Theorie der Strahlung und die Theorie der spezifischen Wärme" [37] von 1907, in der der Grundstein für die Theorie der spezifischen Wärme von Festkörpern auf quantentheoretischer Basis gelegt wurde. Hier wurde nämlich die oszillierende Wärmebewegung gebundener Atome erstmalig der Quantisierung unterworfen, ein Ansatz, den P. Debye 1913 verbesserte und mit dem er dann das T^3-Gesetz der spezifischen Wärme verständlich machen konnte. Wir sehen a posteriori das Wegweisende dieser Arbeiten darin, daß hier die ersten Ansätze vorliegen, sog. „Elementaranregungen" per Quantisierung als „Quasiteilchen" zu verstehen, deren später eine größere Anzahl besonders in der Halbleiterphysik entdeckt wurden und deren Prototyp Einsteins Photon ist.

Die vielleicht fundamentalste Leistung Einsteins für die schon damals rapide fortschreitende, sich auf das Wirkungsquantum stützende Mikrophysik war die 1916 erschienene Arbeit mit dem farblosen, wenig sagenden Titel „Zur Quantentheorie der Strahlung" [38]. Hier wurden nämlich alle unklassisch-neuartigen Vorstellungen auf dem Gebiete der Quantentheorie wie „stationärer Zustand", „Übergang", „Übergangswahrscheinlichkeit" zusammengenommen. Es ging dabei um nichts geringeres als ein neues Verständnis der PLANCKschen Strahlungsformel als einer Gleichgewichtsbedingung zwischen statistisch unregelmäßigen Elementarprozessen. In diese Gleichgewichtsbetrachtung führte Einstein über PLANCK hinausgehend jetzt die Materie wesentlich und explicite ein, indem

a) die BOHRsche Frequenzbedingung für den Übergang zwischen zwei stationären Zuständen der Atome erfüllt sein muß und
b) die Besetzungswahrscheinlichkeit dieser Zustände im thermodynamischen Gleichgewicht nach BOLTZMANN festgelegt ist. Schließlich werden
c) alle Paare von Zuständen mit den charakteristischen Übergangswahrscheinlichkeiten der BOHRschen Atomtheorie ausgestattet und
d) außer der „spontanen" Übergangswahrscheinlichkeit eine „induzierte" eingeführt, die der spontanen proportional ist.

Im thermodynamischen Gleichgewicht zwischen Strahlung und Materie muß dann die Zahl der Übergangsprozesse pro Zeiteinheit für jede Strahlungsfrequenz bei Emission und Absorption gleich sein, und das führt genau auf die Energiedichte der schwarzen Strahlung. Das Bemerkenswerteste an dieser Ableitung ist, daß sich die Form des Strahlungsgesetzes allein aus einer rein korpuskularen Auffassung der Strahlung unter völligem Verzicht auf die Kenntnis der Geometrie des Hohlraumes ergibt, in den sie eingeschlossen ist! Einstein führte zugleich auch den wichtigen Nachweis, daß die gerichteten Stöße und Rückstöße, denen etwa die freien Moleküle eines Gases durch Absorption und Emission gerichteter Photonen ausgesetzt sind, am thermodynamischen Gleichgewicht nichts zu ändern vermögen. Andererseits sind die charakteristischen neuen Begriffe der BOHR-SOMMERFELDschen Atommechanik wie „stationärer Zustand", „Übergang" und „Übergangswahrscheinlichkeit" statt der klassischen Oszillatorvorstellungen z. B. PLANCKS eingeführt. In dieser Betrachtungsweise verhalten sich angeregte Atome oder Atomverbände nicht anders als die Atomkerne beim radioaktiven Zerfall, indem die Anzahl der Zerfälle bzw. der spontanen Emissionsprozesse pro Zeiteinheit nur der Anzahl der Kerne bzw. Atome im Ausgangszustand direkt proportional ist. Eine drastischere Demonstration der Rolle des undeterminierten, nur statistisch sich regelnden Elementarprozesses für das Strahlungsgleichgewicht konnte Einstein, der Vollender der klassischen deterministischen Kontinuumsphysik, nicht geben! Er nahm hiermit übrigens die spätere Einsicht vorweg, daß in der Quantenphysik das gleiche Ergebnis von total verschiedenen klassischen Modellvorstellungen aus zu erhalten ist, wenn nur dabei das Wirkungsquantum in jeweils der richtigen Weise eingeführt wird.

Eine weitere solche höchst instruktive Erläuterung war seine Untersuchung über das sog. mittlere Schwankungsquadrat der Strahlungsdichte u_ν für die

Frequenz ν im Hohlraum vom Volumen V [38]. Hier zeigt sich nämlich, daß das statistische Schwankungsphänomen der Strahlungsdichte durch die Summe zweier völlig verschiedener Terme dargestellt wird, von denen der erste dem Wellenbild, der zweite aber dem Teilchenbild der Strahlung angehört:

$$\left(\frac{u_\nu - \overline{u}_\nu}{\overline{u}_\nu}\right)^2 = \frac{c_0{}^3}{8\pi\nu^2 \, d\nu \, V} + \frac{h\nu}{\overline{u}_\nu d\nu \, V}.$$

Diese Formel zeigt insbesondere, daß diese statistischen Schwankungen nicht ausschließlich als Interferenzeffekt verstanden werden können, sondern daß die endliche Größe des Wirkungsquantums einen Beitrag bedingt, der als reine Teilchenkonzentrationsschwankung gedeutet werden muß. An der Formel ist auch zu sehen, daß für tiefe Strahlungsfrequenzen das Wellenbild, für hohe aber das Teilchenbild die bessere Annäherung an die Realität gibt, und daß der eine Aspekt niemals ganz zugunsten des anderen zurücktreten kann. Einstein hatte damit den elementaren Dualismus von Teilchen und Welle bei der Strahlung am Ausgangspunkt der Quantentheorie selbst, nämlich an der PLANCKschen Strahlungsformel, äußerst eindrucksvoll erläutert.

Das von Einstein genau genommen bereits 1905 vorsichtig, man möchte sagen schüchtern in die Mikrophysik eingeführte „Lichtquant" oder „Photon" erwies sich als eine äußerst fruchtbare Idee. Es hat sich nämlich als Prototyp eines „Quasiteilchens" in heutiger Ausdrucksweise erwiesen. Zu einem solchen kann jede „Elementaranregung" in einem räumlichen Bereich, nicht nur das elektromagnetische Feld eines Vakuumhohlraums, Anlaß geben. So führt die o. g. Quantisierung der elastischen Wellen bzw. der Gitterschwingungen in Kristallen — und damit der Wärmebewegung in Festkörpern — zu „Phononen", andere elementare Anregungsformen z. B. in halbleitenden Kristallen zu „Polaronen", „Exzitonen" usw. Sie alle haben wie das Lichtquant die Eigenschaft, nicht persistent zu sein, sondern entstehen oder vergehen zu können. Der korpuskulare Charakter des Lichtes aller Wellenlängen und das Phänomen des Strahlungsdruckes legte Anfang der zwanziger Jahre den Gedanken nahe, elektromagnetische Strahlung in einem Hohlraum auch als „Lichtquantengas" behandeln zu können. Der indische Physiker N. S. BOSE [39] vollzog ihn 1924 als erster, indem er die statistische Mechanik von Teilchen auf Photonen anzuwenden und damit das PLANCKsche Strahlungsgesetz auf eine dritte, unabhängige Weise abzuleiten suchte. Dieses gelang auch, aber um den Preis dreier für die Mikrophysik höchst bezeichnender Einschränkungen:

1. Die in der klassischen Statistik völlig unbestimmte Einteilung des Phasenraumes muß mittels des Wirkungsquantums in bestimmter Weise fixiert werden.

2. Den der Abzählung unterworfenen „Teilchen“ muß jede Individualität abgesprochen werden, so daß ihnen nur noch die Eigenschaft der Zählbarkeit verbleibt.
3. Die Anzahl der Photonen in einem Lichtquantengas muß unfixiert bleiben.

Wiederum war es Einstein, der die Bedeutung dieser neuen Art von statistischer Abzählung, fortan auch nach ihm benannt, auch für persistente Teilchen (z. B. α-Teilchen u. a.) erkannte [40, 41], wobei dann natürlich die dritte Einschränkung entfallen muß. Diese „Bose-Einstein-Statistik“ führt für Gase in der Nähe des absoluten Nullpunktes der Temperatur zu einer Theorie der sog. „Gasentartung“, die später weitgehend bestätigt wurde und sehr sonderbare Effekte beinhaltet, z. B. die sog. Bose-Einstein-Kondensation. Vor allem aber führt die Bose-Einstein-Abzählung für kondensierte, aus gleichen Atomen oder Molekülen bestehender Materie zum dritten Hauptsatz der Thermodynamik. Ein am absoluten Nullpunkt der Temperatur restlos eingefrorener Kristall kann nämlich wegen der Anonymität seiner Bausteine nur in einem einzigen Zustand vorkommen. Das bedeutet nach Boltzmanns berühmter Formel für die Entropie, daß diese dort gegen Null gehen muß. Auch hier also sehen wir Einstein bei der Entstehung nachklassischer Physik auf dem mikrophysikalischen Geleise wiederum „die Weiche stellen“.

Wenig später, 1925, macht er E. Schrödinger in Zürich auf die spekulativen Thesen von L. de Broglie aufmerksam, der versuchte, den Dualismus Teilchen-Welle der Photonen auf die zunächst nur teilchenhaft erscheinende Materie der Elektronen, Protonen usw. mithilfe der SRT zu erweitern. Schrödinger scheint der einzige Theoretiker gewesen zu sein, der damals Einsteins Hinweis folgte. Jedenfalls entwickelte er in sehr kurzer Zeit seine bekannte „Wellenmechanik“, in der das de Brogliesche „Phasenwellen“-Konzept zu einer geschlossenen Wellentheorie der Elektronen, Protonen und anderer Elementarteilchen in inhomogenen elektrischen Feldern ausgearbeitet wurde [42]. Obgleich der Ausgangspunkt die SRT war, war diese Konzeption, in der der Begriff des Teilchens völlig fehlte, nicht lorentzkovariant, aber gerade deshalb in ihren numerischen Ergebnissen mit der von Heisenberg, M. Born und P. Jordan 1925 aufgestellten Matrizenmechanik [43] vergleichbar. Diese ging bekanntlich von einer Konzeption aus, in der umgekehrt der Begriff der de Broglieschen „Materie-“ oder „Phasenwelle“ noch völlig fehlte. Man traf sich in der Mitte. Was entstand, war die „Quantenmechanik“, mit der die Paradoxien einer einseitig nur auf der Vorstellung des klassischen, d. h. individualisierten Teilchens aufgebauten Atommechanik verschwanden. Auch hier hatte Einstein, mit diesem Thema selbst nicht unmittelbar in Erscheinung tretend, für die Entfaltung der Mikrophysik wiederum „eine Weiche gestellt“.

Vor allem N. Bohr, W. Heisenberg und M. Born hatten, fußend auf der statistischen Deutung, die BORN der SCHRÖDINGERschen Wellenfunktion ψ gegeben hatte, einen logisch geschlossenen, aber statistisch-indeterministischen Rahmen für das physikalische Verständnis der Atome und Moleküle gegeben, in den sich ein sehr großer Teil der damals bekannten Empirie einordnen ließ. Mit der HEISENBERGschen Unschärferelation war die eigentümlich limitierende Rolle des Wirkungsquantums erläutert und präzisiert worden, die schon BOSE berücksichtigt hatte. Die von Einstein bereits bei der Ableitung der PLANCKschen Strahlungsformel benutzte Übergangswahrscheinlichkeit stellte sich jetzt als einer der Standardbegriffe der gesamten Quantentheorie heraus. Insbesondere sollte die von Einstein eingeführte „induzierte" Übergangswahrscheinlichkeit später die Grundlage für die sog. makroskopischen Quanteneffekte in der Laser- und Maser-Technik geben.

Seltsam aber war, daß Einstein sich gegen diese imponierende Lösung des Quantenproblems, an deren Zustandekommen er selbst so entscheidend mitgewirkt hatte, nun durchaus skeptisch verhielt. Auf dem Solvay-Kongreß 1927 in Brüssel kam es zu schweren Kontroversen zwischen ihm einerseits und BOHR, HEISENBERG und anderen andererseits. Hier zeigte sich, daß gerade der Determinismus des physikalischen Geschehens eine Art religiösen Glaubens für Einstein bedeutete, den er nicht preisgeben konnte. Da er andererseits die Erfolge der „neuen Quantenmechanik" nicht leugnen konnte, wollte er diese nun als eine nur vorläufige, aber nicht endgültige Fassung der Mikrophysik aufgefaßt wissen. Konsequenterweise suchte er diese endgültige deterministische Fassung in Richtung seiner Gravitationstheorie, indem er die Elementarteilchen als Singularitäten der Lösungen seiner Feldgleichungen zu verstehen suchte, wie er schon in den Anfängen seiner Gravitationstheorie angedeutet hatte [44, 45]. Auf diesem Wege folgten ihm nur noch einige wenige Mitarbeiter. Die überwiegende Mehrzahl der Physiker hielt ihn für einen Abweg, und das — aus heutiger Sicht — wohl mit Recht. Denn das fortschreitende Studium der Quantenphänomene und die sich seit etwa 1929 entwickelnde Quantenfeldtheorie, die auf der SRT basiert, zeigten, daß „Geometrie" in den Dimensionen der Elementarteilchen letztlich ihren Sinn verliert. Immerhin blieb zumindest die LORENTZ-Kovarianz bis heute der Leitstern aller mikrophysikalischen Theorienbildung. Ein direkter Erfolg war die lorentz-kovariante Theorie des Elektrons von P. A. M. DIRAC von 1928 [46], aus der sich der Elektronenspin und die Existenz des Positrons als relativistische Phänomene ohne zusätzliche Annahmen ergeben, und die somit als erster direkter Beitrag der SRT — und damit Einsteins — zum Elementarteilchenproblem gelten kann.

Vielleicht steht hiermit in innerem Zusammenhang, daß Einstein im gleichen Jahre 1928 die ART durch die Einführung lokaler Bezugssysteme, sog. „Tetraden", zu erweitern suchte [47]. Dieser Versuch blieb zwar für die Mikrophysik nicht ohne Bedeutung, indem das Verhalten von Elementarteilchen, die das Spin-Phänomen zeigen, in Gravitationsfeldern beschreibbar wird. Aber einer auf Tetraden aufgebauten Gravitationstheorie fehlte die Eindeutigkeit: Es gibt heute etwa zehn bis zwölf verschiedene Konzepte einer solchen. Auch das bisherige Scheitern von HEISENBERGS „Universeller Spinortheorie der Materie“ [48], die auf eine lorentz-kovariante nichtlineare Erweiterung der SCHRÖDINGERschen Wellengleichung hinausläuft und damit die Elementarteilchenproblematik wieder ganz auf Feld-Physik und Symmetrie zurückzuführen trachtet, liegt in der gleichen Richtung: Das Feldkontinuum bleibt in der Physik offenbar wesentlich deren makroskopischer Seite vorbehalten.

So endet die große Inspiration der Physik durch Albert Einstein im Stadium der Überschreitung ihrer klassischen Grenzen nicht ohne eine gewisse Tragik für den Inspirator. Diese wird noch verstärkt durch seine bekannte Verstrickung in die militärischen Probleme der Atomenergieanwendung im 2. Weltkrieg. In dieser einmaligen physikgeschichtlichen Situation, in der, wenige Jahre nach O. HAHNS Entdeckung der Urankernspaltung, die Kernphysik weltpolitische Bedeutung erlangte, war er sich als Lenker, der stets bescheiden im Hintergrund zu bleiben getrachtet hatte und gegen seinen Willen und seine Veranlagung in das Rampenlicht der Weltöffentlichkeit gezogen worden war, keineswegs der Rolle bewußt, die er in Wahrheit spielte. Er scheint in diesen entscheidenden Momenten nicht geahnt zu haben, welche Autorität er, über den die Entwicklung der Mikrophysik bis zu einem gewissen Grade damals bereits hinweggegangen war, für die physikalischen Wissenschaften noch immer darstellte. Als der große Stratege der vordringenden Naturwissenschaft im ersten Drittel unseres Jahrhunderts ist Albert Einstein schon heute in ihre Geschichte eingegangen.

Einige typische Axiome der klassischen Physik und ihre Aufhebung
(Nr. 1—3: Axiome der Unabhängigkeit; Nr. 4—6: Axiome der Erhaltung; Nr. 7: Axiome der Extrapolierbarkeit)

Nr.	Axiom	Empirische Fakten, die zur Aufgabe zwingen	Schritte zur Bewältigung der theoretischen Situation
1	von der Form- und Größeninvarianz starrer Körper gegenüber beliebigen Bewegungen	Die elektromagnetische Lichttheorie nach MAXWELL 1964 Paradoxien der Vakuum-Elektrodynamik und Optik Aberration des Fixsternlichtes BRADLEY 1728	LORENTZ-Transformation (Aufhebung der Axiome 1 und 2) H. A. LORENTZ 1895
2	von der Unbeeinflußbarkeit des Zeitmaßes durch beliebige Bewegungen von Uhren	Mitführungseffekt (FRESNEL) FIZEAU 1851 Versuch von MICHELSON 1881 Versuch von TROUTON u. NOBLE 1903 Versuch von SAGNAC 1913	Spezielle Relativitätstheorie (SRT) EINSTEIN 1905
3	von der Unabhängigkeit der Masse vom Bewegungszustand der Körper	Massenvergrößerung an Elektronen- und Kanalstrahlen WIECHERT, THOMSON, KAUFMANN 1896/97	Die relativistische „Vierer-Welt" („Weltabstand" als neue Invariante) MINKOWSKI 1908
4	von der Erhaltung der Masse	Streuversuche an Atomkernen RUTHERFORD, LENARD seit 1910 Umwandlungen der „Elementarteilchen" und ihrer Verbundsysteme ineinander „Paarbildung" und „Zerstrahlung" von Materie MEITNER, BLACKETT, OCCHALINI, HEITING, KLEMPERER 1932—1934	Energie-Masse-Äquivalenz (Trägheit der Energie) EINSTEIN 1905

5	von der Erhaltung der Energie („Energieprinzip“)	„Kernreaktionen“ in großer Zahl etwa ab 1930	Verschmelzung der Axiome 4 und 5
6	von der Erhaltung der chemischen Elemente	Natürliche Radioaktivität BECQUEREL 1896 RUTHERFORD 1902 Radioaktive Zerfallsreihen SODDY u. FAJANS 1922 Künstliche Radioaktivität JOLIOT 1934	Quantentheorie des Kernzerfalls GAMOW 1928 Erste Theorien der Atomkerne HEISENBERG, v. WEIZSÄCKER 1937
7a	von der homothetischen Ausdehnung aller übrigen Axiome der Physik ins „beliebig Kleine“ (Mikrophysik)	LOSCHMIDT-Zahl LOSCHMIDT 1865 Elektrisches Elementarquantum STONEY u. HELMHOLTZ 1881 Fotoeffekt H. HERTZ 1887 Wirkungsquantum PLANCK 1900 3. Hauptsatz der Thermodynamik NERNST, PLANCK 1905/06 Abfall der spezifischen Wärme der Festkörper für $T \to 0$ Supraleitung KAMERLINGH ONNES 1911 Röntgenstrahlinterferenzen an Kristallen (Atome als physikalische Realität) v. LAUE u. FRIEDRICH 1912	Strahlungsquanten EINSTEIN 1905 Erste Anfänge der Quantentheorie der Strahlung EINSTEIN 1906 Erste Anwendungen der Quantentheorie auf die spezifische Wärme von Festkörpern EINSTEIN 1907 DEBYE 1913 „Quantentheorie der Strahlung“ EINSTEIN 1916/17 Erste Quantenstatistik (Anonymität der Elementarteilchen, h bestimmt Zellengröße im Phasenraum) BOSE u. EINSTEIN 1924 „Quantenmechanik“ HEISENBERG, BORN u. JORDAN 1925 SCHRÖDINGER 1926 Erste Anwendung des SRT in der Quantenmechanik DIRAC 1928

Nr.	Axiom	Empirische Fakten, die zur Aufgabe zwingen	Schritte zur Bewältigung der theoretischen Situation
7b	ins beliebig Große“ (Kosmologie)	Kosmologische Paradoxien der klassischen Physik bei NEWTON u. KANT etwa seit 1700 Positivistische Kritik an NEWTON „MACHsches Prinzip“ MACH 1883 Periheldrehung des Merkur erklärt von EINSTEIN 1917 MÖSSBAUER-Effekt 1958 Gravitationswellen 1978	„Allgemeine Relativitätstheorie“ (EINSTEINsche Gravitationstheorie, Geometrisierung der Raum-Zeit auf nichteuklidischer Basis) EINSTEIN u. GROSSMANN 1913 EINSTEIN u. HILBERT 1915 Erstes Modell des geschlossenen endlichen Kosmos EINSTEIN 1917 „Einheitliche Feldtheorien“ (Verschmelzungsversuche von Gravitation und Elektromagnetismus) WEYL, KALUZA, SCHRÖDINGER, EINSTEIN 1920—1950 Tetraden in der ART EINSTEIN 1928 Allgemeine relativistische Spinortheorie der Materie HEISENBERG u. DÜRR ab 1958 Nachweis des MACHschen Prinzips als Folge der EINSTEINschen Feldgleichungen HÖNL 1966 „Supersymmetrien“ und Gravitation ab 1977

LITERATURVERZEICHNIS

[1] SCHILPP, P. A.: Albert Einstein als Philosoph und Naturforscher. – W. Kohlhammer Verlag, Stuttgart 1949

[2] MELCHER, H.: Albert Einstein wider Vorurteile und Denkgewohnheiten. – Wissenschaftliche Taschenbücher, Texte und Studien, Bd. 239. Akademie-Verlag, Berlin 1979

[3] OSTWALD, W.: Große Männer. Studien zur Biologie des Genies. Herausgegeben von Wilhelm Ostwald. 1. Band. Akademische Verlagsgesellschaft m. b. H., Leipzig

[4] HERNECK, F.: Albert Einsteins gesprochenes Glaubensbekenntnis. – Naturw. **53** (1966) 198

[5] RIEMANN, B.: Mathematische Werke. 2. Auflage. Ed. H. Weber, Leipzig 1897

[6] TREDER, H.-J.: Die Asymmetrie der kosmischen Zeit und Riemanns Gravitationstheorie. – Astron. Nachr. **299** (1978) 165–169

[7] MAXWELL, J. CL.: Treatise on Electricity and Magnetism. – Oxford, Clarendon Press 1881

[8] HEISENBERG, W.: Schritte über Grenzen. Gesammelte Reden und Aufsätze. – R. Piper u. Co. Verlag, München 1971

[9] EINSTEIN, A.: Zur Elektrodynamik bewegter Körper. – Ann. d. Phys. (4) **17** (1905) 891–921

[10] EINSTEIN, A.: Ist die Trägheit eines Körpers von seinem Energieinhalt abhängig? – Ann. d. Phys. (4) **18** (1905) 639–641

[11] MINKOWSKI, H.: Raum und Zeit. Vortrag, gehalten auf der 80. Versammlung Deutscher Naturforscher und Ärzte zu Cöln am 21. Sept. 1908. In: H. A. Lorentz-A. Einstein-H. Minkowski „Das Relativitätsprinzip". 3. Aufl. B. G. Teubner, Leipzig–Berlin 1920

[12] EINSTEIN, A.: Elektromagnetische Grundgleichungen für bewegte Körper. – Ann. d. Phys. (4) **26** (1908) 532–540; **27** (1908) 232

[13] SCHMUTZER, E.: Relativistische Physik. – B. G. Teubner Verlagsgesellschaft, Leipzig 1968

[14] EINSTEIN, A.; GROSSMANN, M.: Entwurf einer verallgemeinerten Relativitätstheorie und eine Theorie der Gravitation. I. Physikalischer Teil von A. Einstein, II. Mathematischer Teil von M. Grossmann. – B. G. Teubner Verlagsgesellschaft, Leipzig 1913

[15] EINSTEIN, A.: Über die spezielle und allgemeine Relativitätstheorie, gemeinverständlich. – Vieweg, Braunschweig 1917

[16] EINSTEIN, A.: Feldgleichungen der Gravitation. — Preuß. Akad. d. Wiss., Sitzungsber. 1915, 2. Teil, 844—847

[17] EINSTEIN, A.: Grundlage der allgemeinen Relativitätstheorie. — Ann. d. Phys. (4) **49** (1916) 769—822

[18] EINSTEIN, A.: Grundzüge der Relativitätstheorie. 5. Aufl., zugl. 7. Aufl. der „Vier Vorlesungen über Relativitätstheorie". — WTB Bd. 58. Akademie-Verlag, Berlin 1977

[19] MACH, E.: Die Mechanik in ihrer Entwicklung historisch-kritisch dargestellt. 3. Auflage — Brockhaus, Leipzig 1897

[20] HÖHNL, H.: Albert Einstein und Ernst Mach. Das Mach'sche Prinzip und die Krise des logischen Positivismus. — Phys. Bl. **35** (1979) 485—493

[21] HÖNL, H.: Das Mach'sche Prinzip und seine Beziehung zur Gravitationstheorie Einsteins. In: Deutsche Akademie der Wissenschaften, Einstein-Symposium: „Entstehung, Entwicklung und Perspektiven der Einsteinschen Gravitationstheorie" S. 239—277. Akademie-Verlag, Berlin 1966

[22] TREDER, H.-J.: Die Relativität der Trägheit. — Akademie-Verlag, Berlin 1972

[23] EINSTEIN, A.: Hamiltonsches Prinzip und allgemeine Relativitätstheorie. — Preuß. Akad. d. Wiss., Situzngsber. 1916, 2. Teil, 111—116

[24] FOCK, W.: Theorie von Raum, Zeit und Gravitation. — Akademie-Verlag, Berlin 1960

[25] TREDER, H.-J.: Relativität und Kosmos. Raum und Zeit in Physik, Astronomie und Kosmologie. — WTB Bd. 52. Akademie-Verlag Berlin, Pergamon Press Oxford, Vieweg u. Sohn Braunschweig 1968

[26] TREDER, H.-J.: Elementare Kosmologie. Die Weltmodelle der klassischen und der relativistischen Kosmologie. — WTB Bd. 154. Akademie-Verlag, Berlin 1975

[27] EINSTEIN, A.: Kosmologische Betrachtungen zur allgemeinen Relativitätstheorie. — Preuß. Akad. d. Wiss., Sitzungsber. 1917, 2. Teil, 606—608

[28] EINSTEIN, A.: Gravitationswellen. — Preuß. Akad. d. Wiss., Sitzungsber. 1918, 1. Teil, 154—167

[29] EINSTEIN, A.; ROSEN, N.: On gravitational waves. — Franklin Institute Journal, Bd. 223 (1937) 43—54

[30] EINSTEIN, A.: Grundgedanken und Probleme der Relativitätstheorie. Vortrag anläßlich der Entgegennahme des Nobelpreises, gehalten vor der Nordischen Naturforscherversammlung, Göteborg 1922. — Nobelstiftelsen, Les prix Nobel en 1921—22

[31] EINSTEIN, A.: Zur allgemeinen Relativitätstheorie. — Preuß. Akad. d. Wiss., Phys.-math. Kl., Sitzungsber. 1923, 32—38, 76—77

[32] EINSTEIN, A.: Einheitliche Feldtheorie von Gravitation und Elektrizität. — Preuß. Akad. d. Wiss., Phys.-math. Kl., Sitzungsber. 1925, 414—419; 1929, 2—7

[33] EINSTEIN, A.: Kaluzas Theorie des Zusammenhanges von Gravitation und Elektrizität. — Preuß. Akad. d. Wiss., Phys.-math. Kl., Sitzungsber. 1927, 23—30

[34] EINSTEIN, A.: Neue Möglichkeiten für die einheitliche Feldtheorie von Gravitation und Elektrizität. — Preuß. Akad. d. Wiss., Phys.-math. Kl., Sitzungsber. 1928, 224—227.

[35] EINSTEIN, A.: Untersuchungen über die Theorie der Brownschen Bewegungen. — Ostwalds Klassiker der exakten Wissenschaften Nr. 199, 1926

[36] EINSTEIN, A.: Über einen die Erzeugung und Verwandlung des Lichtes betreffenden heuristischen Gesichtspunkt. — Ann. d. Phys. (4) 17 (1905) 132—148

[37] EINSTEIN, A.: Plancksche Theorie der Strahlung und die Theorie der spezifischen Wärme. — Ann. d. Phys. (4) **22** (1907) 180—190, 800

[38] EINSTEIN, A.: Zur Quantentheorie der Strahlung. — Mitteilungen d. Physikal. Gesellschaft Zürich Nr. 18 (1916). Physik. Zeitschr. **18** (1917) 121—128

[39] BOSE, S. N.: Plancks Gesetz und Lichtquantenhypothese. — Zeitschr. f. Phys. **20** (1924) 178—181

[40] EINSTEIN, A.: Quantentheorie des idealen einatomigen Gases. — Preuß. Akad. d. Wiss., Phys.-math. Kl., Sitzungsber. 1924, 261—267, 1927, 3—14

[41] EINSTEIN, A.: Quantentheorie des idealen Gases. — Preuß. Akad. d. Wiss., Phys.-math. Kl. Sitzungsber. 1925, 18—25

[42] SCHRÖDINGER, E.: Abhandlungen zur Wellenmechnik, 2. Aufl. — Johann Ambrosius Barth, Leipzig 1928

[43] BORN, M.; HEISENBERG, W.; JORDAN, P.: Zur Quantenmechanik. — Z. f. Phys. **34** (1925) 858—888, **35** (1926) 557—615

[44] EINSTEIN, A.: Spielen Gravitationsfehler im Aufbau der materiellen Elementarteilchen eine wesentliche Rolle? — Preuß. Akad. d. Wiss., Sitzungsber. 1919, 1. Teil, 349—356

[45] EINSTEIN, A.: Bietet die Feldtheorie Möglichkeiten für die Lösung des Quantenproblems? — Preuß. Akad. d. Wiss., Phys.-math. Kl., Sitzungsber. 1923, 359—364

[46] DIRAC, P. A. M.: The Quantum Theory of the Electron. — Proc. Roy. Soc. A **117** (1928) 610—624

[47] EINSTEIN, A.: Riemann-Geometrie und Aufrechterhaltung des Begriffes des Fernparallelismus. — Preuß. Akad. d. Wiss., Phys.-math. Kl., Sitzungsber. 1928, 217—221

[48] HEISENBERG, W.: Die Plancksche Entdeckung und die philosophischen Grundfragen der Atomlehre. — Die Naturw. **45** (1958) 227—234

Heft 4 Prof. Dr.-Ing. Dr. h. c. KURT SCHWABE, Analytische Probleme des Umweltschutzes
1975. 28 Seiten – 9 Abbildungen – 2 Tabellen – 8° – M 3,50

Heft 5 Prof. Dr. WOLFGANG BUCHHEIM, Die kopernikanische Wende und die Gravitation
1975. 36 Seiten – 2 Farbtafeln – 8° – M 5,–

Heft 6 Prof. Dr. HERMANN BERG, Photopolarographie und Photodymamic
1975. 19 Seiten – 2 Abbildungen – 2 Tabellen – 8° – M 3,–

Heft 7 Prof. Dr. MANFRED GERSCH, Probleme der Insektizide aus heutiger Sicht
1976. 36 Seiten – 9 Abbildungen – 2 Tabellen – 8° – M 4,–

Band 112

Heft 1 Prof. Dr. WALTER BREDNOW, Spiegel, Doppelspiegel und Spiegelungen – eine „wunderliche Symbolik" Goethes 1975. 28 Seiten – 4 Abbildungen – 8° – M 3,–

Heft 2 Prof Dr. ARTUR LÖSCHE, Über negative absolute Temperaturen. Eine Einführung
1976. 26 Seiten – 12 Abbildungen – 8° – M 4,–

Heft 3 Prof. Dr. med. HERBERT JORDAN, Kurorttherapie: Prinzip und Probleme
1976. 31 Seiten – 10 Abbildungen – 1 Tabelle – 8° – M 4,50

Heft 4 Prof. Dr. FRIEDRICH WOLF / Dr. PETER FRÖHLICH, Zur Druckabhängigkeit von Ionenaustauschreaktionen 1977. 13 Seiten – 6 Abbildungen – 1 Tabelle – 8° – M 2,–

Heft 5 Prof. Dr. DIETRICH UHLMANN, Möglichkeiten und Grenzen einer Regenerierung geschädigter Ökosysteme 1977. 50 Seiten – 20 Abbildungen – 2 Tabellen – 8° – M 6,50

Heft 6 Prof. Dr. ERICH RAMMLER, Zwei Jahrzehnte Entwicklung des Einsatzes der Energieträger Kohle und Erdöl im Weltmaßstab 1977. 29 Seiten – 6 Abbildungen – 4 Tabellen – 8° – M 4,–

Heft 7 Prof. Dr. ULRICH FREIMUTH, Umweltprobleme in der Ernährung
1977. 32 Seiten – 3 Abbildungen – 4 Tabellen – 8° – M 4,–

Band 113

Heft 1 Prof. Dr. ERICH LANGE, Allgemeingültige Veranschaulichung des II. Hauptsatzes
1978. 22 Seiten – 10 graph. Darst. – 8° – M 4,–

Heft 2 Prof. Dr. HERBERT BECKERT, Bemerkungen zur Theorie der Stabilität
1977. 19 Seiten – 8° – M 2,50

Heft 3 Prof. Dr. KLAUS DÖRTER, Probleme und Erfahrungen bei der Entwicklung einer intensiven landwirtschaftlichen Produktion im Landschaftsschutzgebiet des Harzes
1978. 20 Seiten – 6 Abbildungen, davon 4 farbige – 2 Tafeln auf 2 Tabellen – 8° – M 7,–

Heft 4 Prof. Dr. sc. med. HANS DRISCHEL, Elektromagnetische Felder und Lebewesen
1978. 31 Seiten – 14 Abbildungen – 2 Tabellen – 8° – M 5,–

Heft 5 Prof. Dr. MANFRED GERSCH, Wachstum und Wachstumsregulatoren der Krebse. Biologische Erkenntnisse und generelle Erwägungen
1979. 32 Seiten – 13 Abbildungen – 1 Tabelle – 8° – M 6,–

Heft 6 Prof. Dr. rer. nat. FRIEDRICH WOLF / Dr. rer. nat. URSULA KOCH, Über den Einfluß der chemischen Struktur von Dispersionsfarbstoffen auf deren Dispersionsstabilität
1979. 18 Seiten – 3 Abbildungen – 10 Tabellen – 8° – M 3,50

Heft 7 Prof. Dr. rer. nat. FRIEDRICH WOLF / Dr. rer. nat. WOLFGANG HEYER, Zur Sorption an Tetracalcium aluminathycroxisalzen 1980. 12 Seiten – 5 Abbildungen – 4 Tabellen – 8° – M 2,–

Band 114

Heft 1 Prof. Dr. HASSO ESSBACH, Morphologisches zur orthologischen und pathologischen Differenzierung und zum Anpassungs- und Abwehrvermögen der menschlichen Placenta
1980. 19 Seiten – 12 Abbildungen – 8° – M 4,–

Heft 2 Prof. Dr. med. WERNER RIES, Risikofaktoren des Alterns aus klinischer Sicht
1980. 19 Seiten – 9 Abbildungen, davon 1 Abbildung auf Tafel – 8° – M 4,–

Heft 3 Prof. Dr. OTT-HEINRICH KELLER, Anschaulichkeit und Eleganz beim Alexanderschen Dualitätssatz
1980. 19 Seiten – 8° – M 4,–

MIX
Papier | Fördert gute Waldnutzung
FSC® C083411

Zeitfracht Medien GmbH
Ferdinand-Jühlke-Straße 7
99095 Erfurt, Deutschland
produktsicherheit@kolibri360.de